AF573505

MONOGRAPHIE

DE LA

PRÉFOLIATION

DANS SES RAPPORTS

AVEC LES DIVERS DEGRÉS DE LA CLASSIFICATION

Par le Dr D. CLOS

Professeur de Botanique à la Faculté des Sciences et au Jardin des Plantes de Toulouse, directeur de ce dernier Etablissement.

TOULOUSE

IMPRIMERIE CH. DOULADOURE

ROUGET FRÈRES ET DELAHAUT, SUCCESSEURS

rue Saint-Rome, 39

1870

Extrait des Mémoires de l'Académie impériale des Sciences, Inscriptions et Belles-Lettres de Toulouse,

7me SÉRIE, TOM. II, PAGES 91-134.

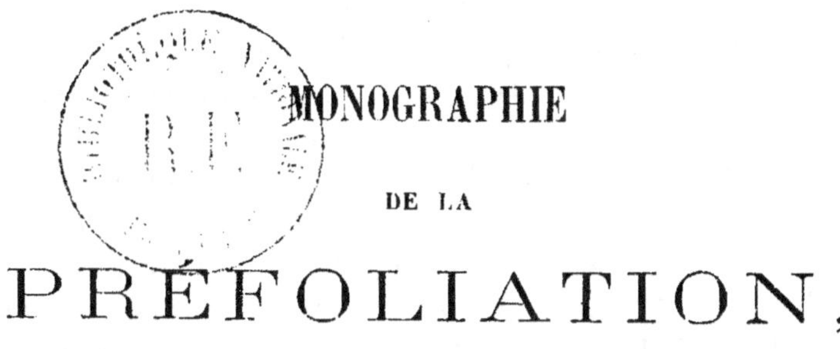

MONOGRAPHIE

DE LA

PRÉFOLIATION,

DANS SES RAPPORTS

AVEC LES DIVERS DEGRÉS DE LA CLASSIFICATION.

PREMIÈRE PARTIE.

Résultats généraux.

CHAPITRE PREMIER.

DE LA PRÉFOLIATION ENVISAGÉE D'UNE MANIÈRE GÉNÉRALE.

§ 1. *Historique.*

Tous les botanistes savent l'inappréciable secours qu'a fourni l'estivation ou préfloraison (disposition des parties florales dans le bouton) pour la classification. Faut-il rappeler qu'Adrien de Jussieu n'a pas hésité à élever ce caractère (dont l'importance n'avait pas échappé à R. Brown) (1), au rang de signe distinctif de 1er ordre dans la formation de ses tableaux synoptiques de familles (*Éléments d'histoire naturelle, Botanique*), et que M. Ad. Brongniart l'introduit fréquemment aussi dans les diagnoses de ses *Classes* (*Énumér. des genres de Plantes*)? En est-il

(1) Vernationem seu *Æstivationem Floris*, a Grewio philosophico acumine accurate observatam, nec ab Immortali Linneo prætervisam, sed a plerisque recentiorum vel penitus neglectam, vel obiter memoratam, passim in characteribus, præcipue ordinum, adhibui (*Prodromus Floræ Novæ Hollandiæ*, *præmonenda*).

ainsi de la préfoliation ou vernation (1), qui est pour le bourgeon à feuilles l'analogue de l'estivation? Ayant vainement cherché une réponse à cette question, j'ai pu croire que ce sujet n'avait pas suffisamment appelé jusqu'ici l'attention des botanistes. Loin de moi l'idée de méconnaître la valeur des documents publiés sur la préfoliaison par Zuccarini (2), et surtout par M. A. Henry (3). Mais, même après ces observateurs, il m'a paru qu'il restait à en traiter au point de vue de ses rapports avec la classification, et ce sera l'objet de ce travail.

Peut-être encore aujourd'hui Linné est-il de tous les botanistes celui qui a groupé le plus de genres de plantes d'après leurs divers modes de préfoliaison (*Philos. botan.* edit. Willdenow, nº 165, Foliatio); seulement cet immortel génie, faute d'avoir pu pénétrer tous les détails, donne parfois ici, comme dans son *Genera*, des caractères génériques qui ne s'appliquent qu'à quelques espèces d'un genre ou même à une seule. On peut en dire autant d'Adanson, qui a basé sur ce caractère son 19e système (*Familles des plantes*, t. I, cclj).

Les jardins botaniques, offrant dans un grand nombre de familles une réunion souvent considérable de genres et d'espèces, sont d'un grand secours pour la solution de cette question; j'ai cherché à en tirer profit, en multipliant, sous ce rapport, mes observations au jardin des plantes de Toulouse, où l'École de botanique compte plus de 4000 espèces.

§ II. *Des divers types de Préfoliation.*

Et d'abord combien de types de préfoliation convient-il d'admettre? Les traités de botanique modernes les rapportent à

(1) Les mots *Vernation*, *Préfoliation*, *Préfoliaison*, seront indistinctement employés dans ce travail.

(2) *Characteristik der deutschen Holzgewæchse in blattlosen Zustande*, 1829-1831.

(3) *Knospenbilder, ein Beitrag zur Kenntniss der laubknospen*, in *Nov. Act. Nat. Cur.* t. XXII, part. 1, p. 169-342, 17 tables.

Ces deux derniers auteurs, n'embrassant dans leurs études qu'un nombre limité de bourgeons, se sont attachés à figurer toutes les feuilles ou écailles de ces organes. A part les cas où la position relative de deux feuilles m'a paru de nature à être signalée, j'ai négligé dans le présent travail la considération du nombre de celles qui entrent dans les différents bourgeons.

deux grands groupes suivant que la feuille est pliée ou roulée; au premier appartiennent les dispositions *condupliquée*, *plissée*, *réclinée;* au second, les préfoliations *convolutée, révolutée*, *involutée*, *circinée*. Mais il y a lieu d'ajouter aux deux divisions primaires : 1° une troisième branche pour la vernation *plane;* car si l'on définit la préfoliation, l'arrangement des feuilles dans le bourgeon, on ne saurait objecter avec fondement que la vernation plane ne mérite pas le nom de vernation : 2° une quatrième branche pour la vernation *cylindrique :* 3° une cinquième pour la vernation *chiffonnée* (*vernatio corrugata*), toute rare qu'elle est. Existe-t-il des feuilles *rédupliquées* c'est-à-dire se pliant longitudinalement en deux mais en dehors, et représentant, auprès de la feuille condupliquée, ce qu'est la feuille révolutée à l'égard de la feuille involutée? Je n'en connais pas d'exemple ; mais le *Berberis empetrifolia* offre un moyen terme entre les préfoliations rédupliquée et révolutée.

Dans les cas où le mode de vernation, tout en étant reconnaissable, ne sera pas nettement accusé, on pourra faire précéder le nom du type de la particule *sub*, préfixe d'un usage si fréquent en phytographie. On comprend en effet la possibilité de nombreux degrés entre l'état plane de la feuille et l'état condupliqué, où les deux moitiés de sa face supérieure sont appliquées l'une contre l'autre ; tous ces degrés sont réalisés dans la nature et se rencontrent parfois dans un genre. D'autres fois, les espèces d'un même genre offrent les unes une vernation bien caractérisée, les autres un état intermédiaire entre celle-ci et une différente. Ainsi dans le g. *Bromus*, les *B. inermis*, *Schraderi*, *maximus* ont les jeunes feuilles convolutées, tandis que celles des *B. erectus* et *squarrosus* sont condupliquées, mais avec cette particularité qui les rapproche des autres, qu'un des bords rentre en dedans. Des premières folioles du *Lupinus luteus*, les unes se sont montrées condupliquées, les autres convolutées et d'autres involutées.

Des transitions insensibles relient également les vernations cylindrique et condupliquée. Il est même assez rare de rencontrer des feuilles à l'état jeune dont les bords soient rapprochés sans quelque aplatissement et dont la coupe transversale donne un cercle : dans un même genre, certaines espèces ont la préfoliation condupliquée, d'autres l'ont cylindrico-condupliquée, à des degrés divers, tantôt plus cylindrique, tantôt et plus souvent plus aplatie. Aussi, tout en reconnaissant l'existence de la vernation cylindrique, j'ai cru, faute de pouvoir atteindre à la précision, et sauf les cas où elle est bien marquée, devoir la faire rentrer dans la v. condupliquée.

§ III. *Plantes à double vernation.*

Les espèces du genre *Magnolia* offrent toutes cette singulière disposition : la feuille est d'abord condupliquée, et ses deux feuillets s'enroulent en cornet, comme s'ils n'en formaient qu'un seul ; le type des Magnolias est donc condupliqué et convoluté : dans le *Liriodendron*, de la même famille, il est convoluté récliné.

D'autres fois, comme dans le *Duvaua dependens*, la feuille est condupliquée et réclinée. Dans les *Isatis*, elle est plane et réclinée.

Le genre *Rheum* a, comme toutes les Polygonées, les feuilles révolutées à l'état jeune; mais alors aussi dans ce genre, exclusivement aux autres de la famille, ces feuilles sont crispées.

Dans les genres *Castanea*, *Corylus*, *Ostrya*, chez plusieurs espèces de chênes, chez l'*Alnus incana* et le charme, la feuille est à la fois condupliquée et plissée.

Dans un certain nombre de plantes la feuille, avant d'atteindre son état complet de développement, affecte deux dispositions différentes : ainsi dans le *Phlox suaveolens*, dans le *Lactuca sativa* le bord des feuilles encore à l'état jeune se recourbe, et l'on pourrait croire que la vernation de ces plantes est révolutée; mais ces mêmes organes, observés à un degré moins avancé, se rapportent à un tout autre type de vernation. Les folioles des *Pavia* et des *Æsculus*, également révolutées à l'état adulte, sont condupliquées dans le bourgeon.

§ IV. *Des causes de la Vernation.*

Je n'ai nullement l'intention, comme semblerait l'indiquer ce titre, d'aborder, à propos des causes de la vernation, le vaste et périlleux domaine des causes finales ; mais il m'a semblé que certains modes de préfoliation comportaient une explication des plus simples, et c'est d'elles uniquement qu'il sera question ici.

La vernation ne diffère pas de l'état adulte :

1° Chez les feuilles squamiformes (Cupressinées, *Fabiana imbricata*, Tamariscinées, *Suæda*, etc. ;

2° Chez les feuilles aciculaires (Abiétinées) ;

3° Chez un grand nombre de feuilles linéaires (Rubiacées, plusieurs Graminées) ;

4° Chez les feuilles fistuleuses (*Allium Porrum*, etc.) ;

5° Chez la plupart des feuilles peltées, dont le pétiole est, quant au développement, en avance sur le limbe. Telles sont les feuilles des *Hydrocotyle*, des *Tropæolum*, de l'*Umbilicus pendulinus*. Mais les *Nelumbium*, dont la vernation est convolutée, prouvent que la vernation plane n'est pas générale aux feuilles peltées.

La comparaison soit des genres d'une même famille, soit des espèces d'un même genre, quand certains de ces genres ou quelques-unes de ces espèces ont des feuilles beaucoup plus larges que les autres, montre que la vernation est *souvent* déterminée par une gêne survenue pendant la période de développement du limbe, et qui se traduit habituellement par la préfoliation convolutée. On comprend aussi que, par suite de la même cause, les bords contraires de deux feuilles opposées s'enroulent l'un et l'autre dans le même sens en vernation convolutée. Plusieurs *Silene*, *Centranthus* sont dans ce cas. Quant aux feuilles squamiformes, aciculaires et subulées, elles occupent peu de place dans le bourgeon, et leur forme peut dès lors s'y maintenir sans changement.

CHAPITRE II.

DE LA VERNATION AU POINT DE VUE DE LA CLASSIFICATION.

Comme l'indique le titre, le but principal de ce travail est d'établir la relation entre la vernation et les divers degrés de la classification. Dans les familles réduites à un seul genre, la préfoliation du genre s'élève par cela même au rang de caractère ordinique. Mais on s'étonnera peut-être de voir parfois dans une famille formée de plusieurs genres un seul de ces genres cité, et dans ce genre une seule espèce. J'aurais supprimé ces éléments non comparables sans cette double considération, qu'ils dénoteront les familles méritant d'être examinées à ce point de vue, et qu'ils fourniront une première donnée pour des observations ultérieures sur ces mêmes associations.

Partant des groupes naturels les plus larges pour descendre successivement jusqu'aux plus restreints, je chercherai quelles déductions générales afférentes à la taxinomie l'on peut tirer des milliers de faits annexés à ce Mémoire, en ce qui concerne les embranchements, les alliances (classes de M. Ad. Brongniart), les familles, les tribus, les genres et les espèces du règne végétal. J'omettrai à dessein les classes, l'observation ne m'ayant rien appris qui leur fût applicable sous ce rapport.

A. Embranchements.

Les premiers degrés de la classification sont formés par les embranchements. La vernation offre-t-elle quelque chose de général, comparée dans chacun des trois grands groupes primaires du règne végétal ? Les types circiné et révoluté m'ont paru manquer aux Monocotylédons, où le type involuté est aussi très-rare, ne s'y montrant guère que dans quelques Commélinées et dans un petit nombre d'Alismacées, et le premier (circiné) ne se trouve guère, chez les Dicotylédons, que dans les Cycadées et les Droséracées.

B. Alliances ou groupes de familles.

Quelques familles, reliées entre elles par des affinités naturelles, offrent l'uniformité de vernation :

Telles : 1° les Iridées, les Hypoxidées et même les Hæmodoracées, à v. condupliquée ;

2° L'alliance des *Scitaminées* (Musacées, Zingibéracées, Cannées) à v. convolutée;

3° L'alliance des *Malvoïdées* (Tiliacées, Malvacées, Bombacées, Byttnériacées, sauf deux exceptions) à v. condupliquée ;

4° L'alliance des *Æsculinées* (Acérinées, Hippocastanées, et la plupart des Sapindacées) à v. condupliquée ;

5° Les Jasminées et les Oléinées, à v. subplane ;

6° Les Asclépiadées et les Apocynées, à v. subplane ;

7° Les Verbénacées et les Globulariées, à v. condupliquée ;

8° L'alliance des *Lonicérinées* de M. Brongniart (Dipsacées, Valérianées, Caprifoliacées), à v. involutée ;

9° Les Cornacées et les Garryacées, à v. également involutée ;

10° Les Granatées, les Philadelphées et les Calycanthées, à v. subplane ;

11° Les Rhamnées, les Staphyléacées, à v. involutée ;

12° Les Ulmacées et les Cupulifères, à v. condupliquée ;

13° Les Nymphéacées et les Nélumbonées, à v. involutée, formant, avec les Cabombées dont la vernation m'est inconnue, l'alliance des *Nymphéinées*.

C. Familles.

Il convient d'abord de rapporter chacune de celles dont la préfoliation est uniforme au type de vernation dans lequel elle rentre ; puis, on groupera celles qui n'ont pas un même type d'après le nombre de vernations différentes qu'elles présentent. On examinera la valeur de la préfoliaison au double point de vue de l'affinité de certaines familles et de la division de quelques-unes d'entre elles en tribus ; enfin, on signalera les exceptions les plus notables que l'on peut y constater.

§ 1er — *Familles à vernation uniforme rapportées au type qui leur est propre.*

a. *Préfoliaison plane.* — Les familles qui rentrent dans cette division ont les feuilles ou squamiformes (Tamariscinées, Cupressinées), ou aciculaires (Abiétinées), ou linéaires (Santalacées d'Europe et la plupart des Rubiacées étoilées, Linées, Polygalées), ou linéaires et rubanées (Typhacées, Cypéracées), ou élargies (Mimosées, Philadelphées, Calycanthées, Araliacées quant aux folioles, Tropæolées).

M. Rœper a depuis longtemps fait remarquer que la vernation des premières feuilles de la plante ou des cotylédons est toujours plane (1).

A cette division appartiennent aussi les Lycopodiacées, les Mousses; seulement, les feuilles d'une assez grand nombre de représentants de cette dernière famille sont pliées en long selon leur axe et à moitié condupliquées.

b. *Préfoliaison convolutée.* — Elle caractérise un petit nombre de familles de l'embranchement des Monocotylédons, dont trois sont unies entre elles par le faciès, et deux par l'organisation florale : je veux parler des Musacées, des Cannées et des Zingibéracées ; et ce caractère y est si manifeste, qu'il se trouve déjà signalé dans une note de la dissertation soutenue en 1749, sous la présidence de Linné, par Lœfling, sous le titre : *Gemmæ arborum* (2).

c. *Préfoliaison révolutée.* — Je ne connais que la famille des Polygonées où ce mode d'enroulement des jeunes feuilles soit général. Le genre *Beta* des Chénopodées et le *Trianthema monogyna* des Ficoïdes l'offrant également, témoignent par là des liens d'union de ces familles. On retrouve cette vernation dans deux tribus et quelques genres des Composées, dans les *Dryas*, le romarin, les *Nerium*, dans quelques espèces de *Cuphea*, de *Teucrium* et d'*Helianthemum*, dans l'*Hypericum Kalmianum* : mais dans ces derniers genres (à l'exception de ceux des Composées), la disposition réclinée est moins accusée que dans les Polygonées, où les bords recourbés de la feuille touchent la nervure médiane.

(1) Appendice à ses observations sur la nature des fleurs et des inflorescences, in Seringe, *Mélang. bot.*, n. 5, p. 113, 114.

(2) On y lit : « Est phænomenon in regno vegetabili perfamiliare, quod summam ejus requirit adtentionem, qui adfinitates plantarum indagare velit, foliorum nimirum intra gemmam, semen, aut extremitatem ramuli, intra quæ reconditur, complicatio vel coarctatio, a nullo hucusque descripta : in votis est ut aliquis hanc spartam in se suscipiat. Exemplum unicum hanc in rem adferam : Folia in *Canna, Alpinia, Kæmpferia*, *Curcuma*, *Amomo*, *Maranta*, et toto hoc ordine naturali (Fragm. Meth. Nat. ord. 3) cum erumpunt, instar cuculli papyracei prodeunt, margine s. latere altero obvolvente latus interius. »

En rapprochant la généralité de la vernation des Polygonées de l'uniformité de ce groupe et de l'*originalité* (*sit venia verbo*) de ses caractères floraux qui ne laissent dévoiler avec d'autres familles que des affinités de second ordre , on s'explique la rareté de la préfoliation révolutée dans le règne végétal , car quelques-unes des plus vastes familles (Légumineuses, Crucifères , Ombellifères, Graminées) ne m'en ont pas offert d'exemple.

Dans cette même famille des Polygonées, on l'a déjà vu, le genre *Rheum*, présente cette particularité de la préfoliation révolutée, qu'elle est en même temps *rugueuse;* toutes les feuilles, avant leur épanouissement , sont comme bulleuses à leur face supérieure.

Enfin, dans la famille des Primulacées, le genre *Primula* montre , mais dans quelques espèces seulement , la préfoliation révolutée bien accusée, tandis que ce caractère est général et bien prononcé dans le genre *Betonica* des Labiées.

d. *Préfoliaison involutée*—Un assez grand nombre de familles rentrent dans ce type , telles les Caprifoliacées, les Cornacées, les Garryacées , les Dipsacées, les Valérianées, les Nymphéacées, les Nélumbonées, les Rhamnées, les Staphyléacées, les Violariées.

e. *Préfoliaison condupliquée*. — C'est la plus générale, comprenant deux familles de l'embranchement des Monocotylédons, les Iridées, et les Hypoxidées , et plus de 20 familles dicotylédones, savoir : Anonacés, Caryophyllées, Phytolaccées, Capparidées , Tiliacées , Malvacées, Byttnériacées , Bombacées , Hippocastanées , Acérinées, Ampélidées, Lardizabalées (1 genre observé), Ménispermées (1 genre), Flacourtianées, Géraniacées, Oxalidées, Amygdalées , Passiflorées , Ulmacées, Cupulifères, Convolvulacées , Bignoniacées , Verbénacées , Globulariées , Aristolochiées.

f. *Préfoliaison circinée*. — On l'observe dans les familles des Cycadées , des Droséracées , des Marsiléacées et des Fougères. Les taxinomistes modernes se sont même appuyés sur ce caractère et sur celui des sporanges pour en séparer le groupe des Ophioglossées. « Un caractère également remarquable des feuilles des Fougères , dit M. Ad. Brongniart , est leur mode de vernation ou de préfoliation. Les jeunes feuilles de toutes les Fougères, à l'exception de celles de la tribu des Ophioglossées, sont, en effet, enroulées en crosse (in *Dict. univ. d'Hist. nat.*, t. v, p. 690). » M. Berkeley donne aussi ce caractère comme général, écrivant de ces plantes : « Fronds circinata when joung (*Cryptog. Botan.*, p. 507). » Enfin, M. F. Edlich énonce que « l'enroulement propre de la feuille des Fougères, à l'exception des Ophioglossées, se laisse aisément distinguer dès la première fronde de l'embryon (in *Nov. Act. Nat. Cur.*, t. xxxiv, p. 11, en Allem.) ». Quant aux Cycadées, M. Miquel déclarait, en 1839, que leur préfoliation n'est pas toujours circinale (in *Bullet. des Sci. physiq. de Néerlande*, t. i, p. 129).

§ 2. — *De la Vernation de quelques grandes familles.*

Famille des Légumineuses. — Dans ce vaste groupe prévaut la préfoliation condupliquée, qui est générale à la plupart des tribus, et en particulier aux Podalyriées, Lotées, Génistées, Galégées, Trifoliées, Astragalinées, Sophorées et Phaséolées, ainsi qu"à la grande division des Cæsalpiniées.

Les genres *Ornithopus* et *Hippocrepis*, dans la tribu des Hédysarées, font exception par leurs folioles plates en vernation. Dans celle des Viciées, on observe les préfoliaisons convolutée et involutée à côté de la préfoliation condupliquée.

Famille des Composées. — La plus grande famille du règne végétal offre toutes sortes de vernations, et bien peu de tribus même ont une préfoliation uniforme. Il n'y a guère que la vernation révolutée qui soit générale dans les Tussilaginées et les Xéranthémées, reliés, sous ce rapport, aux Gnaphaliées et aux Carlinées d'une part, aux Sénécionées de l'autre. Dans les Hélianthées prévaut la préfoliation plane. S'il est dans les Composées de nombreux genres caractérisés par l'uniformité de vernation, tels, par exemple, que les genres *Aster*, *Inula*, *Helianthus*, etc., il en est d'autres non moins naturels chez lesquels on trouve deux sortes de dispositions des feuilles dans les bourgeons (g. *Solidago*, *Verbesina*, *Doronicum*, *Mulgedium*), ou même trois (g. *Eupatorium*, *Cirsium*).

Famille des Graminées. — A la date de trente-cinq ans, M. Al. Braun faisait déjà remarquer que la vernation peut servir à distinguer certaines espèces de cette famille, en particulier dans le genre *Lolium*, dont quelques-unes (*L. perenne*) ont les feuilles pliées, tandis que dans d'autres, ces organes sont roulés (*L. temulentum* et *arvense*). Ce botaniste philosophe ajoutait avoir constaté, dans la seule famille des Graminées, non moins de dix types différents de vernation (in *Flora od. botan. Zeitung*, de 1834, t. I, p. 260).

La première observation, celle qui est relative aux *Lolium*, est parfaitement exacte; mais mes recherches ne m'ont pas permis de constater la seconde, car, dans la plupart des genres de Graminées (et j'en ai étudié plus de cinquante sous ce rapport) la préfoliation est toujours ou pliée ou convolutée : uniforme soit dans toute une tribu (Agrostidées, Hordéacées, où elle est convolutée), soit dans un ou plusieurs genres d'une tribu; mais parfois les deux types de la famille se retrouvent dans un même genre (*Deschampsia*, *Avena*, *Kœleria*, *Glyceria*, *Melica*, *Bromus*, *Lolium*).

§ 3. — *De la multiplicité de vernations dans une même famille.*

A. *Familles à deux types* :

1° Condupliqué et convoluté : *Graminées*, *Ombellifères;*
2° Condupliqué et involuté : *Commélinées;*
3° Condupliqué et plane : *Cucurbitacées*, *Solanées;*
4° Involuté et plane : *Pittosporées*, *Conifères;*
5° Involuté et convoluté : *Salicinées*, *Saururées*, *Plumbaginées;*
6° Convoluté et plane : *Myrtacées*.

B. *Familles à trois types* :

1° Condupliqué convoluté plane : *Térébinthacées* (où les feuilles planes sont réclinées), *Bétulinées* (où les feuilles planes et condupliquées sont plissées), *Saxifragées;*
2° Condupliqué convoluté involuté : *Pomacées*, *Juglandées;*
3° Condupliqué convoluté révoluté : *Éricinées;*
4° Convoluté révoluté plane; *Scrophularinées*, *Chénopodées;*

5° Convoluté involuté plane : *Célastrinées, Gentianées;*

6° Involuté révoluté plane : *Primulacées ;*

7° Involuté condupliqué plane : *Acanthacées.*

C. *Familles à quatre types :*

1° Condupliqué convoluté involuté plane : *Euphorbiacées, Renonculacées, Légumineuses ;*

2° Condupliqué convoluté involuté révoluté : *Rosacées ;*

3° Condupliqué convoluté révoluté plane : *Liliacées.*

D. *Famille à cinq types :*

Condupliqué convoluté involuté révoluté plane : *Labiées.*

§ 4. *Criterium de la vernation touchant l'affinité de certaines familles naturelles.*

Aux exemples déjà cités plus haut, destinés à montrer l'utilité de la préfoliaison à ce point de vue, il suffira d'ajouter quelques détails complémentaires.

Les Dichondrées, réunies par certains taxinomistes aux Convolvulacées, dont les séparent d'autres auteurs, appartiennent, comme elles, à la vernation condupliquée.

Les Malvacées, dont tous les genres ont les lobes des feuilles condupliqués en préfoliation, trouvent là un nouveau caractère général, qui se reproduit dans leurs alliées (à titre de familles ou de tribus), Sterculiacées, Bombacées, Byttnériacées (à part deux genres de ce dernier groupe : *Lasiopetalum* et *Rulingia*).

Dans l'alliance des Urticinées, le groupe des Morées, considéré comme distinct des Artocarpées, offre d'une manière uniforme la vernation condupliquée.

Les Balsamifluées, dont les affinités avec les Platanées sont généralement reconnues, s'éloignent de celles-ci dont la vernation est révolutée, par leurs feuilles condupliquées à l'état jeune ; elles se rapprochent, au contraire, sous ce rapport, des Hamamélidées, que n'en distinguent pas MM. Bentham et D. Hooker.

§ 5. *Criterium de la vernation dans la division des familles en tribus.*

Il a été question plus haut des tribus des Composées et des Légumineuses, je n'y reviendrai pas ici.

Les trois principales tribus de la famille des Éricinées ont, à quelques exceptions près, une vernation différente. Le groupe des Éricées l'a plane; elle est condupliquée (avec, parfois, une légère tendance à l'involution) dans les Andromédées; néanmoins, les *Andromeda polifolia* et *rosmarinifolia* établissent la transition de cette tribu à celle des Rhodoracées, montrant, comme les *Rhododendrum* et les *Azalea*, la vernation franchement révolutée.

Dans la famille des Gentianées, la sous-famille des Ményanthées, si distincte par les caractères de ses feuilles et de sa préfloraison, ne l'est pas moins par sa préfoliation (convolutée dans *Menyanthes*, involutée dans *Limnanthemum*, tandis qu'elle est plane dans les Gentianées vraies).

Citons encore la tribu des Alsinées dans les Caryophyllées, caractérisée par ses feuilles étroites, et qui offre la préfoliation plane applicatile.

§ 6. — *Exceptions à l'uniformité de vernation de certaines familles ou tribus.*

De même que dans la famille des Borraginées, le genre *Myosotis*, par sa préfloraison contournée, fait exception au caractère général du groupe, de même en est-il de la préfoliation; et souvent ces sortes d'exceptions se trouvent liées à quelques caractères généraux, tels que :

a. *Un port spécial*. Ainsi, les *Podophyllum*, qui s'éloignent tant des autres Berbéridées par le port, ont aussi une vernation distincte.

b. *La forme des feuilles*. Le Ginckgo (*Salisburya adiantifolia*), par ses feuilles élargies et en éventail, se distingue parmi toutes les Conifères; il n'y a pas lieu de s'étonner si, par sa préfoliation involutée à l'état jeune, il diffère du reste de la famille, où elle est plane à tout âge. De même, le genre *Funkia*, qui s'éloigne des autres genres de la tribu des Hémérocallidées par ses feuilles pétiolées à large limbe, s'en éloigne aussi par sa préfoliation convolutée. Il en est ainsi du genre *Pereskia* dans les Cactées : les feuilles, très-petites et promptement caduques des *Opuntia*, sont cylindriques ou faiblement aplaties, celles des *Pereskia*, condupliquées en vernation.

Si, au contraire, dans des familles aux feuilles normales (Solanées, Chénopodées), se trouvent quelques espèces ou quelques genres aux feuilles soit squamiformes (*Fabiana imbricata*), soit semi-cylindriques ou cylindriques (*Salsola*, *Suæda*), ceux-ci s'écarteront par leur vernation plane de ceux du groupe. Tel est encore le genre *Acorus*, aux feuilles sublinéaires et à vernation plane, tandis que celle-ci est convolutée dans les autres Aroïdées. Les *Dodonæa scabra* et *viscosa*, aux feuilles simples, les ont toujours planes, tandis que les folioles des Sapindacées aux feuilles composées sont condupliquées.

c. *Une organisation florale particulière*. Les genres *Ornus* et *Fraxinus*, si distincts des autres Oléinées, le premier par sa polypétalie, le second par son apétalie, si distincts aussi par le fruit, s'en séparent encore par leur préfoliation franchement condupliquée, bien que les genres *Olea* et *Ligustrum* montrent cette même vernation, mais peu accusée.

D. Genres.

§ 1er. — *De l'uniformité ou de la multiplicité des types de vernation des genres.*

1. *Genres riches en espèces et à préfoliation uniforme :*

Aster, Salix, Populus, Linum, Oxalis, Viola, Festuca, Poa.

2. *Genres remarquables par la multiplicité de types de vernation:*

Genres à deux types :

a. condupliqué et convoluté : les Graminées offrent sous ce rapport une particularité notable. Cinq des genres de cette famille, savoir : *Kœleria*, *Glyceria*, *Avena*, *Melica*, *Lolium*, ont la vernation condupliquée dans certaines espèces, convolutée dans d'autres. Les espèces annuelles d'*Avena* l'ont convolutée, les vivaces, condupliquée.

b. Plane et condupliqué : *Agave*, *Reseda*, *Cistus*, *Carpinus*, *Quercus* ;

c. Convoluté et involuté : *Marrubium*, *Solidago*, *Doronicum*, *Valeriana*, *Ranunculus* ;

d. Convoluté et révoluté : *Potentilla*, *Mulgedium* ;

e. Plane et réduplique : *Verbesina*, *Chenopodium*.

Genres à trois types :

a. Plane, condupliqué, involuté : *Clematis* ;

b. Condupliqué, involuté, révoluté : *Cirsium*, *Centaurea* ;

c. Convoluté, involuté, révoluté : *Primula* ;

d. Plane, condupliqué, convoluté : *Alnus*, *Salvia* ;

e. Plane, convoluté, révoluté : *Eupatorium* ;

f. Plane, convoluté, involuté : *Evonymus* ;

g. Condupliqué, convoluté, involuté : *Spiræa*.

Genre à quatre types :

Plane, condupliqué, involuté, révoluté : *Allium*.

3. *Multiplicité de types d'un même genre inexplicable :*

Le genre *Alnus* a trois types de vernation : plane (*A. viridis* et *glutinosa*), condupliqué (*A. incana*), convoluté (*A. cordifolia*).

Le genre *Carpinus*, 2 types : condupliqué (*C. Betulus*), plane (*C. virginiana*, *americana*).

Dans le genre *Mulgedium*, le *M. alpinum* a la préfoliation convolutée ; le *M. Plumieri*, la préf. révolutée.

Trois types dans le genre *Primula* : convoluté (*P. Auricula*), involuté (*P. viscosa* et *integrifolia*), révoluté (*P. suaveolens*, *intricata*, *elatior*, *officinalis*, *grandiflora*, *sinensis*).

4. *Causes appréciables de la multiplicité de types de vernation d'un même genre.*

Une de ces causes les plus évidentes, c'est la forme. On conçoit très-bien que dans les genres *Sedum* et *Crassula*, comprenant à la fois des espèces à feuilles cylindriques et d'autres à feuilles aplaties et plus ou moins larges, la vernation soit différente, et elle l'est.

Ailleurs, la différence ne réside que dans le degré de largeur, et ce caractère suffit à modifier le type de vernation du genre. C'est le cas pour les genres *Armeria*, *Plantago*, *Galium*. Les *Armeria alpina* et *vulgaris*, les *Plantago Psillium*, *stricta*, *serpentina*, la plupart des *Galium*, toutes plantes aux feuilles linéaires, ont la vernation plane : elle est convolutée dans les *Armeria plantaginea* et *purpurea*, condupliquée dans le *Galium rubioides*, involutée ou convolutée dans plusieurs plantains à larges feuilles.

Si les formes des feuilles des espèces d'un genre diffèrent assez pour qu'on puisse grouper ces espèces en deux ou plusieurs sections d'après ce caractère, on ne devra pas être surpris de constater dans chacune de ces sections une vernation propre. Ainsi, l'*Eryngium aquaticum*, aux feuilles indivises et du groupe des *Parallelinervia* de de Candolle, a la vernation convolutée, étrangère aux *Eryngium campestre*, *amethystinum*. etc.

De même, le *Reseda Luteola*, aux feuilles indivises, montre la préfoliation plane, et les segments des feuilles du *R. Phyteuma* sont condupliqués à l'état jeune. Les Renoncules à feuilles simples ont ces organes convolutés, tandis que les autres ont les lobes foliaires involutés.

§ 2. — *Criterium de la vernation quant à la place de tel ou tel genre dans la classification naturelle.*

1. genre *Eupomatia*. R. Brown l'a rapporté aux Anonacées, tout en faisant remarquer qu'il s'en éloigne à plusieurs égards ; il a, comme l'*Asimina triloba*, les jeunes feuilles condupliquées.

2. g. *Melianthus* : compris jusqu'ici dans les Zygophyllées, dont il s'éloigne par ses folioles condupliquées en préfoliation, il se rapproche sous ce rapport des Sapindacées, qui offrent la plupart ce caractère, et auxquelles l'ont annexé MM. Planchon, Bentham et Hooker.

3. g. *Melicythus*. La vernation involutée de ce genre, d'abord rapporté aux Bixinées, puis aux Térébinthacées, confirme l'opinion des botanistes modernes, inscrivant le *Melicytus* au nombre des Violariées.

4. g. *Ailantus*. Il s'éloigne des Zanthoxylées, auxquelles le rapportent les auteurs modernes, et dont la vernation est plane. A.-L. de Jussieu l'avait mis dans les Térébinthacées, qui, comme l'*Ailantus*, ont la préfoliation condupliquée.

§ 3. — *Criterium de la vernation pour valider ou infirmer l'établissement de tel ou tel genre.*

GRAMINÉES.—*Scleropoa*. Le *Poa rigida* L. ou *Festuca rigida* Kth. s'éloigne également, par sa vernation convolutée, des genres *Poa* et *Festuca*, dont la préfoliation est condupliquée, et c'est à bon droit qu'on en a formé, avec les *Triticum maritimum* L., *loliaceum* Sm., *hemipoa* Del., etc., le genre *Scleropoa* ou *Sclerochloa*.

LÉGUMINEUSES. — *Faba* : genre admis depuis de Candolle par la plupart des botanistes modernes, à l'exception de MM. Bentham et Hooker, qui, le faisant rentrer dans le g. *Vicia*, ajoutent : « a Vicia narbonensi non differt nisi pericarpio crasso subcarnoso v. coriaceo, et forte stirps ex hac specie a cultura orta est (*Genera Plant.*, p. 525). » Or, tandis que dans les autres espèces de *Vicia*, la préfoliation est simplement condupliquée, dans les *Vicia narbonensis* et *Faba*, elle offre de plus cette particularité qu'un des bords recouvre l'autre.

POMACÉES. — *Chænomeles* : Lindley a élevé au rang de genre, sous le nom de *Chænomeles japonica*, le *Cydonia japonica* de Linné, et la vernation justifie cette séparation, convolutée dans *Chænomeles*, condupliquée chez *Cydonia vulgaris*.

SAXIFRAGÉES. — Le genre *Bergenia* de Mœnch, adopté par M. Spach pour quelques saxifrages d'Asie à gros rhizome et à larges feuilles, diffère par sa vernation convolutée des autres *Saxifraga*, qui l'ont plane pour la plupart, à l'exception du *S. serrata*, où elle est condupliquée.

JUGLANDÉES. — Le genre *Pterocarya*, établi par Kunth aux dépens du genre *Juglans*, qui a la préfoliation condupliquée, en est bien distinct par ses folioles convolutées à l'état jeune, du moins dans le *P. fraxinifolia*. Quant au genre *Carya* Nutt., il m'a offert une double vernation, condupliquée dans *C olivæformis*, *porcina*, *amara*, involutée dans *C. alba*.

Plumbaginées. — Le *Plumbago Larpentæ*, d'abord décrit sous le nom de *Valoradia plumbaginoides*, et même sous celui de *Ceratostigma plumbaginoides*, offre la préfoliation involutée des autres espèces de *Plumbago*.

Labiées. — *Betonica*. M. Bentham, après avoir fondu, en 1832-1836, dans le genre *Stachys* le genre *Betonica* (*Labiat. gen. et spec.*, p. 531), lui rendait, en 1848, son autonomie en reconnaissant qu'il a un port spécial : *cum.... habitus quodammodo diversus sit* (in DC., *Prodr.*, t. xii, p. 459). La préfoliation révolutée des *Betonica*, et si différente de celle des *Stachys*, où elle est condupliquée, justifie pleinement la distinction linnéenne de ces deux groupes d'espèces.

Borraginées. — 1. *Psilostemon*. Le *Borrago orientalis* L., dont on a fait le *Psilostemon orientale*, s'éloigne par sa vernation convolutée du *Borrago officinalis* qui l'a plane.

2. *Omphalodes*. Tandis que dans les *Cynoglossum* la préfoliation est convolutée, elle se montre involutée dans les *Omphalodes verna* et *longiflora*, rapportés primitivement au genre *Cynoglossum*.

Composées. — 1. *Eurybia*. La vernation plane des espèces d'*Eurybia*, observées par moi, confirme la séparation de ce genre du genre *Aster*, où elle est constamment convolutée.

2. *Tripolium* : Il n'en est pas ainsi de ce genre, admis par quelques phytographes (de Candolle, M. Brongniart, etc.), réintégré dans le genre *Aster* par d'autres (MM. Grenier et Godron, par exemple,) et dont la vernation ne diffère pas de celle des *Aster*.

3. *Callistephus*. La Reine-Marguerite (*Callistephus sinensis*), jadis réunie aux *Aster*, s'en distingue par sa vernation indupliquée.

4. *Galatella*. On peut en dire autant du *Galatella acris*.

5. *Balsamita suaveolens* Desf.: réunie aux *Tanacetum*, dont les

segments sont condupliqués-subinvolutés en préfoliation, cette plante s'en éloigne par ses feuilles convolutées avant leur complet développement.

6. *Pulicaria* : Genre admis par les uns, rejeté par les autres. Le *P. dysenterica* Gærtn. se distingue par sa préfoliation subplane des *Inula*, où elle est involutée.

7. *Leuzea*. Dès 1815, de Candolle créait ce genre pour le *Centaurea conifera* L.; et la vernation révolutée de cette espèce vient s'ajouter aux caractères qui éloignent le genre *Leuzea* du genre *Centaurea*, où elle est condupliquée, ou involutée, ou convolutée.

8. *Jurinea*. C'est encore la vernation révolutée qui contribue à distinguer le *Jurinea alata* du genre *Serratula*, auquel le rapportaient Desfontaines et Willdenow.

9. *Chamæpeuce* : Genre comprenant, entre autres espèces, les *Carduus stellatus* L., *diacantha* Labill., qui, par leur préfoliation révolutée, se séparent des *Carduus*.

Asclépiadées. — *Gomphocarpus*. Ce genre, créé aux dépens du genre *Asclepias* par R. Brown, en diffère et s'éloigne même de toutes les autres Asclépiadées, observées par moi, par sa vernation révolutée (du moins dans le *Gomphocarpus fruticosus*).

Urticées. — Les *Boehmeria utilis*, *nivea*, *spicata*, *biloba* ont la préfoliation franchement involutée; elle l'est à peine dans l'*Urtica dioica*, et elle est différente dans les autres orties.

§ 4. — *Criterium de la vernation au point de vue de l'affinité des genres, de leur séparation ou de leur fusion.*

1. *Spiræa*, *Kerria*, *Rhodotypus*. — Le *Kerria japonica* DC., considéré par Cambessèdes comme espèce du genre *Spiræa*, s'éloigne des spirées, indépendamment des caractères floraux, par sa vernation; et le genre *Rhodotypus* Sieb. et Zucc., qui se rapproche tant du *Kerria* par le port, par l'apparence générale des fleurs (qui cependant sont blanches), a comme lui, les feuilles planes et plissées à l'état jeune, tandis que les spirées ont ces organes condupliqués dans certaines espèces, involutés dans les autres.

2. *Orobus* et *Lathyrus*.—Le genre *Orobus* L., que MM. Grenier et Godron ont annexé au genre *Lathyrus*, m'avait paru d'abord bien distinct de ce dernier par sa vernation franchement convolutée (dans les *Orobus niger* et *luteus*), tandis que les jeunes folioles des *Lathyrus tuberosus, latifolius, sylvestris, odoratus*, etc., sont involutées ; mais les *L. articulatus* et *sativus* ont montré les leurs convolutées, comme celles des *Orobus*.

§ 3. — *De la vernation comme complément de caractères de certains genres, sous-genres ou de sections de genres.*

Il est des genres qui se distinguent assez bien par les caractères de végétation : tels les g. *Salix* et *Populus* d'une part, *Vicia* et *Lathyrus* de l'autre. Mais supposons, et le cas s'est présenté plus d'une fois, qu'on ait à classer une plante sans fleur intermédiaire par le *faciès* entre les saules et les peupliers, ou entre les vesces et les gesses : en se guidant d'après la vernation, condupliquée dans les *Vicia*, involutée ou convolutée dans les *Lathyrus*, convolutée dans les *Salix*, involutée dans les *Populus*, on sera à peu près sûr de sa détermination.

Les genres *Kerria* et *Rhodotypus*, par leurs feuilles plissées à l'état jeune ; le g. *Dryas*, par sa vernation révolutée, s'éloignent de tous les autres genres de la famille des Rosacées, et MM. Bentham et Hooker ont judicieusement fait entrer cet élément dans la description du dernier genre cité.

On a déjà vu que les genres *Stachys* et *Betonica* se distinguent aussi très-bien sous ce rapport.

Il conviendra donc à l'avenir d'introduire cet élément dans la caractéristique des genres toutes les fois qu'il s'y montre général ; c'est ce qu'a fait T.-F.-L. Nees-d'Esenbeck décrivant les Amentacées dans l'ouvrage intitulé : *Genera Plantarum Floræ Germanicæ, iconibus et descriptionibus illustrata ;* c'est ce qu'a fait aussi M. Wesmael dans le dernier volume paru du *Prodromus* de de Candolle, à propos du genre *Populus ;* mais dans ce même volume, la mention de la vernation n'a pas été donnée pour le genre *Salix*.

Dans le genre *Eupatorium*, la préfoliaison est, selon les espèces, ou plane (cas le plus fréquent), ou convolutée (*E. altissimum*), ou révolutée. Je constate cette dernière disposition dans les *E. purpureum* et *maculatum*, les seuls que je sois à même d'observer parmi ceux du § 5, admis par de Candolle dans son *Prodromus*, sous le titre de *Verticillata*.

E. Espèces.

De la vernation au point de vue des espèces.

Il est quelques espèces intermédiaires entre deux genres, flottant tour à tour de l'un à l'autre, et dont la vernation pourra, dans certains cas, aider à fixer définitivement la place.

1. Le *Vicia bithynica* L., compris dans les *Lathyrus* par Lamarck, Willdenow et même par quelques phytographes modernes, appartient, et par ses caractères floraux et par sa vernation, au genre *Vicia*.

2. Le *Mespilus pyracantha* L., *Cratægus pyracantha* Pers., a été annexé par M. Spach (suivi par MM. Grenier et Godron, *Flore de France*) au genre *Cotoneaster*; mais la préfoliation est condupliquée dans les *Cotoneaster*, convolutée dans le Buisson ardent.

3. Le *Betonica Alopecuros*, rapporté par Scopoli au genre *Sideritis*, dont l'éloigne sa vernation, appartient, par ses feuilles d'abord révolutées, au genre *Betonica*.

DEUXIÈME PARTIE.

RELEVÉ DES OBSERVATIONS DISPOSÉES PAR ORDRE DE FAMILLES, DE GENRES ET D'ESPÈCES.

Préfoliation condupliquée (1).

La plus générale de toutes, caractéristique des Iridées et des Hypoxidées dans l'embranchement des Monocotylédons, et de plus de vingt familles dans celui des Dicotylédons.

Aroïdées : Acorus gramineus et Calamus.

Graminées, *genres :* Gynerium, Eustachys (distichophylla), Sesleria (argentea), Poa (compressa, annua, bulbosa, pratensis, nemoralis, trivialis, alpina, *excl.* genere Scleropoa), Festuca (dumetorum, glauca, duriuscula, spadicea, elatior), Nardus, Andropogon (squarrosus), Lygeum ; *espèces* de genres non uniformes : Deschampsia cæspitosa, Avena pratensis et pubescens, Glyceria maritima, Melica altissima, Lolium perenne, Bromus squarrosus et erectus ; la vernation de ces deux dernières espèces est de plus un peu convolutée.

Commélinées : Tradescantia virginica.

Colchicacées : Disporum fulvum, Merendera Bulbocodium, Tofieldia calyculata.

Liliacées, *genres :* Scilla (hemisphærica, italica, non S. maritima L.), Ornithogalum (umbellatum, narbonense). Gagea Liottardi, Phalangium (Liliago), Hemerocallis, (fulva, flava) Polyanthes, Phormium, Smilax (aspera, mauritanica, rotundifolia), Dianella cœrulea), Tulipa (sylvestris, Gesneriana) ; *espèces* de genres non uniformes : Muscari suaveolens, Endymion nutans.

Iridées, *genres :* Iris, Gladiolus, Marica, Moræa, Tigridia. — Dans tous la vernation est en outre équitante, et de plus elle est plissée dans le Tigridia Pavonia.

(1) Les signes propres à représenter les divers modes de préfoliation ont été donnés par Linné (*Philosophia botanica*, Tab. X. Foliatio), et reproduits dans plusieurs Traités de botanique, en particulier dans les Éléments d'Adrien de Jussieu.

ASTÉLIÉES : Astelia alpina, vernation subinvolutée.

HYPOXIDÉES : Hypoxis sobolifera et decumbens.

HÆMODORACÉES : Anigosanthos Manglesii.

ORCHIDÉES : Cymbidium purpureum, Orchis conopsea et Morio (non Himanthoglossum, nec Spiranthes).

PLANTAGINÉES : Plantago arenaria (vernation semi-équit., les autres espèces à v. différente).

PRIMULACÉES : Cyclamen (europæum).

OLÉINÉES : Olea europæa, *genre* Ligustrum (vulgare, japonicum, ovalifolium).

SAPOTÉES, *genre* Bumelia (lycioides, tenax.)

PIROLACÉES : Pirola rotundifolia.

ERICINÉES : Andromeda axillaris, spicata, pubescens, racemosa ; Pieris ovalifolia.

GLOBULARIÉES, Famille uniforme ; *genre* Globularia (vulgaris, nudicaulis, salicina, trichosantha).

VERBÉNACÉES, Famille uniforme ; *genres :* Verbena (venosa, bonariensis, officinalis), Lippia (citriodora, repens), Vitex (incisa, Agnus-castus, arborea), Duranta (Plumieri), Lantana (alba, Camara), Clerodendrum (Bungei), Callicarpa (americana). *Observ.* Dans les trois derniers genres les deux bords de la feuille sont un peu écartés, et dans les Clerodendrum et Callicarpa, les feuilles sont semi-équitantes.

LABIÉES, *genres* : Ajuga (reptans, pyramidalis semi-équit.), Molucella (lævis), Phlomis (tuberosa, virens, Russelliana, fruticosa, major, vern. semi-équit. dans ces quatre dernières espèces), Ballota (nigra, mollissima v. équit., lanata v. équit. et subinvol.), Sideritis (hyssopifolia v. semi-équit., montana id. et subinvol.), Stachys (annua, maritima), Galeopsis (Galeobdolon v. semi-équit.), Lamium (album, purpureum, Orvala, maculatum, v. semi-équit. dans les deux derniers), Satureia (montana v. équit.), Preslia (cervina); *espèces :* Salvia clandestina, gigantea, graciliflora, nemorosa, officinalis, espèces où la vernation est semi-équitante.

ACANTHACÉES : Lobes foliaires de l'Acanthus mollis.

BIGNONIACÉES, Famille uniforme ; *genres :* Bignonia (capreolata), Tecoma (grandiflora, jasminoides, radicans), vern. légèrement involutée dans ces deux genres; Catalpa (bignonioides).

Scrophularinées, *genres :* Gratiola (officinalis), Paulownia (imperialis v. semi-équit.), Chelone (barbata), Pentstemon (pubescens), Schistanthus (peduncularis), Verbascum (gnaphalodes).

Solanées, *genres* : Physalis (chenopodifolia, Alkekengi, v. équit. dans les deux), Datura (Metel, Stramonium), Cestrum (roseum), Habrothamnus (elegans) vern. subinvolutée dans ces deux derniers genres ; *espèce* : Solanum glaucophyllum.

Borraginées : Nonea lutea, Anchusa officinalis, Myosotis palustris vern. équit.

Polémoniacées : Lobes des feuilles du Polemonium cœruleum.

Convolvulacées, Famille uniforme ; *genres :* Calystegia (sepium, pubescens), Falkia (repens), Dichondra (repens), Pharbitis (hispida, speciosa, hederacea), Convolvulus (arvensis, althæiformis, Cneorum, lineatus) ; dans ces deux derniers genres bords des feuilles un peu involutés ; Calonyction (speciosum), Quamoclit (phœnicea), Ipomæa (leucantha).

Campanulacées : Trachelium cœruleum, Campanula glomerata, grandis, Rapunculus (vern. de ces trois espèces subinvol.), Symphyandra pendula, Adenophora lilifolia, à vern. équit.

Composées, *genres* : Lactuca (sativa à vern. semi-équit., oleifera à vern. subinvol.), Scorzonera (hispanica, et rumicifolia vern. équit.), Catananche (cœrulea), Leontopodium (alpinum), Ammobium (alatum), Baccharis (halimifolia v. équit.), Psiadia (glutinosa), Bellis (perennis v. équit.), Plagius ageratifolius), Bidens (frondosa, leucantha), Garuleum (pinnatifidum vern. équit.), Tagetes (patula, erecta), Callistephus (chinensis v. subinvol.), Arctotheca (repens), Kentrophyllum (leucocaulon), Microlonchus (tenellus, salmanticus), Pyrethrum (sinense, indicum, Parthenium) ; *espèces* de la *Tribu des Carduinées*, savoir : Carduus acanthoides, carlinoides, nutans, tenuiflorus ; Cirsium oleraceum, Cynara corsica, Onopordon virens, Acanthium ; Carthamus tinctorius ; *espèces* d'autres *tribus :* Rhaponticum pulchrum, Centaurea montana, eriophora, Seridis, melitensis v. équit., Cyanus, rigidifolia, Artemisia vulgaris et Absinthium, Tanacetum vulgare et boreale où la vern. est de plus subinvolutée.

Dipsacées, *espèces* : Scabiosa argentea, (les lobes), succisa semi-équit.

Valérianées : Centranthus Calcitrapa.

Cornacées, *genre :* Cornus (alba, circinata à vern. équit., mas et sanguinea à vern. subinvol.)

Ombellifères, à lobes des feuilles condupliqués : *Genres* : Cicuta (virosa), Ægopodium (Podagraria), Ammi (majus v. semi-équit.), Œnanthe (crocata), Æthusa (Cynapium), Silaus (pratensis), Selinum (carvifolia), Archangelica (officinalis), Peucedanum (Morisoni), Pastinaca (pratensis et Fleischmanni à lobes pliés-plissés), Heracleum (Sphondylium, angustifolium, subvillosum à lobes plissés), Tordylium (syriacum, maximum, lobes plissés), Daucus (Carota), Chærophyllum (aureum), Caucalis (daucoides, nodosa, lobes concaves imbriqués), Conium (maculatum), Magydaris (tomentosa v. semi-équit.), Smyrnium (Olusatrum v. semi-équit.), Laserpitium (gallicum, Nestleri); *espèces* : Seseli gummiferum et Libanotis. Dans Sanicula europæa, Eryngium creticum, les lobes sont concaves imbriqués.

Ampélidées : Uniformité de vernation : Vitis, Ampelopsis bipinnata, hederacea, Cissus orientalis, Roylei, antarctica.

Rhamnées. Bien que la vernation involutée prédomine dans cette famille, elle est condupliquée dans Rhamnus oleifolius, condupliquée-involutée dans les *genres* Paliurus (aculeatus), Colletia (spinosa, cruciata), Ceanothus (americanus).

Célastrinées, *espèce* : Evonymus longifolius v. subinvolutée.

Ilicinées, *espèces* : Ilex æstivalis, Daoun, opaca, balearica, Tarajo.

Térébinthacées, *genres* : Rhus (Cotinus, aromatica, elegans, glabra, suaveolens, radicans), Duvaua (dependens, où la feuille est condupliquée-réclinée).

Légumineuses, Sous-Famille des Papilionacées : *Tribus* : 1° *Podalyriées* : Anagyris fœtida, Thermopsis nepalensis, lanceolata, Podalyria argentea, Callistachys retusa et linearifolia, Chorizema rhombeum et varium. 2° *Génistées* : Templetonia retusa, Goodia lotifolia, Sarothamnus scoparius, Genista Scorpius, candicans, sagittalis, Retama alba, Lupinus polyphyllus, Cytisus elongatus, uralensis, triflorus, grandiflorus, capitatus, nigricans. 3° *Galégées*, uniformité : Dalea alopecuroides, Amorpha fruticosa, glabra, Psoralea bracteata, palæstina, macrostachya, bituminosa, Indigofera Dosua, decora, Glycyrrhiza fœtida, glabra, Galega officinalis, orientalis, Caragana spinosa, Altagana, frutescens, Robinia hispida, pseudo-Acacia, Calophaca Wolgarica, Halimodrendron argenteum, Lessertia perennans, Colutea arborescens, orientalis, Sutherlandia frutescens. 4° *Trifoliées* : Medicago falcata, Lupulina, sativa, Trigonella hamosa, hybrida, monspeliaca, Melilotus leucantha, Trifolium pratense, repens, elegans. 5° *Lotées* : Lotus hirsutus, jacobæus, ornithopodioides, Tetragonolobus siliquosus, Dorycnium suffruticosum, Anthyllis Vulneraria, tetraphylla, Hermanniæ, Barba-Jovis. 6° *Phaséolées* : Amphicarpæa monoica, Glycine frutescens, Hardenbergia monophylla, Kennedya prostrata, Erythrina Crista-Galli, Apios tuberosa, Dioclea glycinoides, Wistaria sinensis, Dolichos lignosus, Lablab vulgaris, Soja hispida. 7° *Sophorées* : Edwardsia grandiflora, Styphnolobium japonicum, Virgilia lutea. 8° *Astragalinées* : Oxytropis campestris, Astragalus Cicer, depressus, galegiformis, ponticus. 9° *Hédysarées*, à l'exception des genres Ornithopus et Hippocrepis, uniformité, savoir : Scorpiurus muricata et vermiculata v. équit., Coronilla cretica et varia, Desmodium nutans, Hedysarum coronarium et flexuosum, Onobrychis sativa et saxatilis, Lespedeza villosa. — Dans la tribu des *Viciées*, la préfoliation condupliquée n'appartient qu'aux *genres* Pisum (sativum), Faba (vulgaris), Ervilia (sativa), Vicia (narbonensis, sativa, tetrasperma, bithynica) : Dans le Faba et le Vicia narbonensis la foliole est en outre un peu convolutée, un des bords recouvrant l'autre.

Sous-Famille des Césalpiniées : Uniformité pour tous les *genres* observés : Gymnocladus (canadensis), Cassia (falcata), Cercis (Siliquastrum, canadensis), Gleditschia (sinensis, ferox, triacanthos, monosperma), Cæsalpinia (Sappan), Poinciana (Gilliesii), Ceratonia (Siliqua).

Amygdalées, Famille uniforme; *genres* : Persica (vulgaris), Amygdalus (communis); Prunus (Mirobalana, spinosa); Cerasus (vulgaris, Lauro-Cerasus, lusitanica, virginiana).

Rosacées, *genres* : Sanguisorba (officinalis, canadensis), Agrimonia (Eupatorium), Fragaria (vesca, collina), Rosa (moschata, Banksiana, semperflorens, bracteata, Noisettiana, benghalensis, multiflora), Rubus (tomentosus, idæus), Sibbaldia (procumbens), Geum (urbanum, rivale, canadense, virginianum, quant aux lobes), Potentilla (alchemilloides, anserina, argentea, collina, hirta, rupestris, splendens, *except.* P. fruticosa); *espèces* : Spiræa digitata, Lindleyana, sorbifolia.

Pomacées, *genres* : Photinia (serrulata, integrifolia), Mespilus (germanica), Eriobotrya (japonica), Cydonia (vulgaris), Sorbus (americana, domestica, Aucuparia).

Œnothérées, *genre* Jussiæa (grandiflora équit.)

Cucurbitacées, *genres* : Cucurbita (Pepo, perennis v. semi-involutée), Cyclanthera (pedata).

Passiflorées, Famille uniforme ; *genres* : Passiflora (cœrulea, alba, actinia, racemosa), Disemma (coccinea).

Cactées : Pereskia aculeata.

Crassulacées, *espèces* : Sedum populifolium, Telephium, Kamtchaticum vern. équit.

Saxifragées, *espèces* : Hydrangea quercifolia ; dans H. arborescens et Saxifraga serrata la vernation condupliquée est légèrement involutée. Tiarella cordifolia, Astilbe Aruncus.

Acérinées : Famille uniforme : Acer monspessulanum, opulifolium, macrophyllum, rubrum, pseudo-Platanus, Opalus, tataricum (la vernation est condupliquée-plissée dans le dernier), Negundo fraxinifolia.

Hippocastanées, Famille uniforme : Æsculus, Pavia flava, rubra, macrostachya.

Sapindacées, Famille subuniforme : Kœlreuteria paniculata, Cupania Cunninghami, Llagunoa nitida (espèce où la vernation est équitante) ; *Except.* : Dodonæa.

Tiliacées : Préfoliation uniforme, constatée dans quatre espèces de Tilia (argentea, platyphylla, americana, sylvestris), deux de Sparmannia (africana et palmata), deux de Corchorus (olitorius, trilocularis), dans Grewia occidentalis et Entelea arborescens.

Sterculiacées : Uniformité ; *genres* : Sterculia (platanifolia), Bombax (Ceiba).

Byttnériacées, Famille subuniforme : Walteria elliptica, Hermannia denudata, Thomasia quercifolia. *Except.* : Lasiopetalum.

Bombacées : Bombax Ceiba (seule espèce observée de la famille).

Malvacées : Encore uniformité dans la Famille ; les lobes des feuilles étant pliés en deux ; *genres* : Malva (sylvestris, rotundifolia), Lavatera (arborea), Althæa (ficifolia, rosea), Pavonia (spinifex), Sida tiliæfolia.

Géraniacées : Les segments des feuilles des Erodium (cicularium, moschatum, romanum, ciconium), du Geranium anemonifolium et des Pelargonium peltatum, quercifolium, glaucum, sont condupliqués.

Oxalidées : Folioles des Oxalis condupliquées, dressées, appliquées l'une contre l'autre.

ZYGOPHYLLÉES : Melianthus major.

RUTACÉES : Ruta graveolens, divaricata, bracteosa.

MÉNISPERMÉES : Menispermum canadense.

LARDIZABALÉES : Akebia quinata (seul représentant de la famille observé).

BERBÉRIDÉES : Nandina domestica, Mahonia intermedia.

SCHIZANDRÉES : Kadsura propinqua.

MAGNOLIACÉES : Dans les Magnolia (grandiflora, Yulan, discolor), les deux moitiés longitudinales de la feuille, après s'être appliquées face à face, s'enroulent.

ANONACÉES, Famille uniforme : Asimina triloba (où la vernation est équitante), Eupomatia laurifolia.

DILLÉNIACÉES, *Id.* Illicium anisatum, Hibbertia volubilis et grossulariæfolia.

RENONCULACÉES, *genres :* Helleborus (fœtidus), Aconitum (Napellus), Actæa (spicata), Thalictrum (aquilegifolium, majus, minus, sylvaticum, quant aux lobes des feuilles); *espèces* de genres à deux types : Clematis Flammula, Viorna, Pæonia officinalis.

PAPAVÉRACÉES : Sanguinaria canadensis.

CRUCIFÈRES, *genres :* Malcomia (maritima), Raphanus (Raphanistrum, Landra), Rapistrum (rugosum), Sinapis (alba), Farsetia (clypeata), Vesicaria (utriculata, cretica), Peltaria (alliacea), Biscutella (auriculata, raphanifolia); *espèces* de genres non uniformes : Arabis bellidifolia et Turrita, Erysimum cheiranthoides, Iberis amara.

CAPPARIDÉES : Uniformité de la préfoliation condupliquée dans toutes les espèces observées, savoir : Capparis spinosa. Cleome spinosa, Gynandropsis pentaphylla et pungens.

CISTINÉES, *espèces :* la plupart de celles du genre Cistus, où la préfloraison est à la fois semi-équitante, savoir : C. crispus, purpureus, creticus, salviæfolius, albidus, albido-crispus, ladaniferus.

BIXACÉES : Kiggelaria africana, Azara dentata.

CARYOPHYLLÉES-SILÉNÉES : Githago segetum, Silene saxifraga, dichotoma, brachypetala, fimbriata, ciliata, Otites, Persoonii, tricuspidata, suffruticosa; Lychnis diurna, dioica; Saponaria porrigens, officinalis; Cucubalus bacciferus; Dianthus barbatus v. semi-équit., plumarius v. subinvolutée et équitante.

AMARANTACÉES : Tous les Amarantus (tricolor, paniculatus, speciosus, reflexus, hybridus).

BASELLÉES : Boussingaultia baselloides, la feuille n'y est condupliquée qu'à sa base.

PHYTOLACCÉES, Famille uniforme : Bosea Yerva-mora, Deeringia celosioides, Rivina humilis, Phytolacca decandra, dioica.

CHÉNOPODÉES : Blitum Bonus-Henricus, Atriplex Halimus.

LAURINÉES, *espèce* : Laurus nobilis.

THYMÉLÉES, *genre* Daphne (Cneorum, Laureola vern. subinvol., Mezereum vern. subinvol. équit.).

ARISTOLOCHIÉES, Famille uniforme ; *genres* : Asarum (europæum, canadense), Aristolochia (Clematitis, rotunda, altissima, Sypho vern. équit.)

EUPHORBIACÉES : Buxus sempervirens, Euphorbia hyberna, Ricinus communis, Clutia pulchella.

URTICÉES, *espèce* : Urtica (dioïca) ; *genres* : Broussonetia (papyrifera), Maclura (aurantiaca), Morus (nigra, rubra, alba).

DATISCÉES : Datisca cannabina.

ULMACÉES, Famille monotypique ; *genres* : Ulmus (campestris, parvifolia, rubra, montana, chinensis), Celtis (occidentalis, australis, Tournefortii), Planera (Richardi).

HAMAMÉLIDÉES : Hamamelis virginiana vern. plissée.

BALSAMIFLUÉES, *genre* : Liquidambar (imberbe, styraciflua).

JUGLANDÉES, *genres* Juglans (regia, nigra) ; *espèces* : Carya olivæformis, porcina, amara.

CUPULIFÈRES, *genre* : Castanea (vesca, pumila, vern. plissée) ; *espèces* : Quercus rubra, Ægilops, macrocarpa, vern. plissée dans les trois.

CORYLACÉES, Famille subuniforme et à feuilles plissées ; *genres* : Corylus (Avellana, Colurna, americana), Ostrya (vulgaris) ; *espèce* : Carpinus Betulus ; deux autres espèces de charmes ont une vernation différente.

BÉTULINÉES, *espèce* : Alnus incana.

Préfoliation convolutée.

Aroïdées, *genres* : Arum (vulgare, italicum), Dracunculus (vulgaris, tous les lobes, l'inférieur excepté).

Graminées : La Préfoliation convolutée y domine, générale à un grand nombre de genres et même à certaines tribus.

Tribus : 1° *Phléoïdées* (except. : Mibora), *genres :* Alopecurus (pratensis, agrestis), Phleum (Bœhmeri, nodosum). 2° *Agrostidées*, monotypiques, *genres :* Sporobolus (tenacissimus), Agrostis (vulgaris, stolonifera, canina, alba), Gastridium (lendigerum), Polypogon (monspeliensis, littoralis). 3° *Arundinacées* (*except.* Gynerium), *genres :* Calamagrostis (littorea), Arundo (Donax), Phragmites (communis), Ampelodesmos (tenax). 4° *Arénacées*, *genres* : Trisetum (flavescens), Arrhenatherum (elatius), Holcus (mollis, lanatus); *espèces :* Deschampsia juncea, Avena sativa, hirsuta, orientalis, nuda, fatua, brevis. 5° *Chloridées* : Cynodon Dactylon (non Eustachys). 6° *Festucacées*, *genres :* Scleropoa (rigida, maritima), Schismus (marginatus), Briza (media, maxima), Dactylis (glomerata), Cynosurus (cristatus), Bambusa (nigra, Metake), Uniola (latifolia); *espèces :* Kœleria hirsuta, setacea, phleoides, Glyceria fluitans, Melica ciliata, Bauhini, Bromus inermis, Schraderi, maximus. 7° *Hordéacées*, monotypiques; *genres :* Hordeum (vulgare, cœleste, distichon, Zeocriton, murinum, bulbosum), Elymus (arenarius, hordeiformis, glaucifolius). 8° *Triticées, genres* : Triticum (vulgare, amyleum, monococcum, Spelta, polonicum, compositum), Agropyrum (caninum, glaucum, pungens, repens), Brachypodium (distachyon, pinnatum, sylvaticum), Secale (cereale), Ægilops (ovata, ventricosa, cylindrica). 9° *Andropogonées*, monotypiques *except.* Andropogon squarrosus; *genres :* Tripsacum (dactyloides), Andropogon (Ischæmum, argenteum), Saccharum (officinarum), Erianthus (Ravennæ), Sorghum (vulgare, saccharatum). 10° *Stipacées*, monotypiques, *genres* : Stipa (juncea, pennata, gigantea, papposa, intricata), Aristella (bromoides), Piptatherum (Thomasii, multiflorum). 11° *Panicées*, Panicum altissimum. 12° *Phalaridées*, monotypiques *except.* Lygeum; *genres :* Phalaris (arundinacea, paradoxa), Anthoxanthum (odoratum, provinciale), Coix (Lacryma), Zea (Mays), Oryza (sativa).

JONCÉES : Luzula Forsteri, au bas de la feuille.

COLCHICACÉES: Colchicum autumnale.

PONTÉDÉRIACÉES : Pontederia cordata.

LILIACÉES, *genres* : Bellevalia (appendiculata), Hyacinthus (orientalis, amethystinus), Eucomis (punctata, regia), Urginea (maritima), Sanseviera (carnea), Funkia (ovata, subcordata), Paradisia (Liliastrum), Dracæna (indivisa, reflexa), Convallaria (maialis), Polygonatum (vulgare, multiflorum), Paris (quadrifolia, où toutes les feuilles d'un verticille appliquées l'une sur l'autre offrent une *convolution* identique), Yucca (aloifolia, filamentosa, Draconis), Albuca (cornuta); *espèces* : Muscari comosum, Endymion patulus, Allium ciliare, nigrum, Moly.

ASPIDISTRÉES : Rhodea japonica.

AMARYLLIDÉES, *genre* : Furcrœa (gigantea); *espèces* : Agave mexicana, americana, vivipara.

MUSACÉES, Famille monotypique; *genres* : Musa (Troglodytarum, Sapientum, paradisiaca), Strelitzia (Reginæ), Alpinia (nutans).

ZINGIBÉRACÉES, Id. *Genres* : Zingiber (officinale), Hedychium (angustifolium, Gardnerianum).

CANNÉES, Id. *Genres* : Thalia (dealbata), Canna (glauca, speciosa, indica).

ORCHIDÉES : Himanthoglossum hircinum, Spiranthes autumnalis.

PLANTAGINÉES, *espèces* : Plantago major, virginica.

PRIMULACÉES, *genre* Dodecatheon (Meadia) ; *espèce* : Primula Auricula.

MYRSINÉES : Myrsine africana.

PLUMBAGINÉES, *genres* : Armeria (plantaginea, purpurea), Statice (latifolia, sareptana).

EBÉNACÉES : Diospyros Lotus.

VACCINIÉES : Vaccinium uliginosum.

STYRACINÉES : Halesia tetraptera.

LABIÉES, *espèces* : Marrubium peregrinum, pannonicum ; Salvia viscosa, Sclarea, grandiflora, pratensis, verticillata, cretica ; Stachys alpina, sibirica, lanata, germanica, heraclea, recta.

SCROPHULARINÉES, *genres* : Digitalis (orientalis, lutea, lævigata, sibirica, purpurea), Calceolaria (rugosa vern. semi-équit.).

BORRAGINÉES, *genres* : Pulmonaria (affinis, tuberosa), Psilostemon (orientale) ; *espèces* : Symphytum tuberosum, Omphalodes verna, longiflora.

GENTIANÉES, *genres* : Swertia (perennis), Menyanthes (trifoliata, où les trois folioles, appliquées l'une sur l'autre, sont enroulées ensemble).

CAMPANULACÉES, *espèces* : Campanula latifolia, Trachelium ; Phyteuma orbiculare.

LOBÉLIACÉES, *genre* Lobelia (syphilitica, inflata).

COMPOSÉES, *genres* : Mulgedium (alpinum), Hieracium (amplexicaule, sabaudum, boreale, Schmidtii, Pilosella), Crepis (parviflora, sibirica), Barkhausia (fœtida), Lapsana (communis), Serratula (gigantea, quinquefolia, tinctoria), Lappa (minor), Rudbeckia (speciosa, laciniata, les lobes), Obeliscaria (pinnata), Amblyocarpum (inuloides), Tripolium (vulgare), Aster (cyaneus, versicolor, simplex, horizontalis, Tradescanti, prenanthoides, Novi-Belgii), Boltonia (asteroides) ; *espèces* : Rhaponticum cynaroides, Centaurea macrocephala, Jacea, glastifolia ; Eupatorium altissimum ; Tanacetum Balsamita ; Solidago mexicana, fragrans, canadensis, glabra, rigida, lævigata, Riddelii ; Doronicum caucasicum.

DIPSACÉES, *espèces* : Dipsacus Fullonum ; Scabiosa stellata, cretica, caucasica, vernation équitante dans toutes.

VALÉRIANÉES, *genre* Valerianella (olitoria, coronata) ; *espèces* : Centranthus angustifolius, ruber ; Valeriana pyrenaica, Phu, dioica (dans les deux dernières espèces le lobe terminal seul est convoluté, et dans les autres la vernation est en outre semi-équitante).

OMBELLIFÈRES, *genres* : Apium (graveolens), Falcaria (Rivini), Buplevrum (junceum, Falcaria, gibraltaricum, fruticosum), Opopanax (Chironium), Ainsworthia (cordata) ; *espèce* : Eryngium aquaticum. Dans Pimpinella saxifraga et gracilis, Sium Sisarum, le lobe terminal de la feuille est seul convoluté.

CÉLASTRINÉES, *espèce* : Evonymus latifolius.

PITTOSPORÉES, *genre* Sollya (heterophylla).

TÉRÉBINTHACÉES, *genre* Pistacia (Terebinthus, palæstina, vera).

LÉGUMINEUSES, *genres* : Ervum (Lens), Orobus (niger, vernus) ; *espèces* : Lathyrus articulatus, sativus.

ROSACÉES, *genre* Waldsteinia (geoides) ; *espèce* : Spiræa trilobata quant aux lobes.

Pomacées, *genre* Chænomeles (japonica) ; *espèce* : Cotoneaster pyracantha.

Myrtacées, *genre* Leptospermum (lanigerum, flavescens).

Saxifragées, *genres* : Escallonia (floribunda, viscosa, macrantha), Itea (virginica) ; *sous-genre* de Saxifraga Bergenia (ligulata, cordifolia, crassifolia, parfois vern. subinvolutée) ; *espèces* : Hydrangea japonica, rosea.

Berbéridées, *genres* : Mahonia (Aquifolium), Podophyllum (peltatum), Berberis (aristata, sinensis, vulgaris, canadensis, cratægina ; *except.* empetrifolia), Epimedium (alpinum) où parfois subinvolutée.

Renonculacées, *genres* : Isopyrum (thalictroides), Zanthorrhiza (apiifolia) ; *espèces* : Clematis virginiana, recta, tubulosa, Ranunculus lingua, Ficaria, Flammula, Pæonia villosa, Moutan.

Crucifères, *genres* : Nasturtium (officinale), Crambe (cordifolia), Moricandia (arvensis), Diplotaxis (tenuifolia), Eruca (sativa), Cochlearia (rusticana), Calepina (Corvini), Bunias (orientalis), Lepidium (Draba, latifolium, affine, glastifolium, graminifolium).

Caryophyllées-Silénées, *espèces* : Silene inflata, Dianthus Caryophyllus.

Basellées, *genre* Basella (alba, rubra).

Laurinées, *genre* Lindera (Benzoin) ; *espèces* : Laurus indica et regalis.

Saururées, *genre* Houttuynia (cordata).

Euphorbiacées, *espèces* : Euphorbia Esula, dendroides, Helioscopia, sylvatica.

Urticées, *espèce* : Ficus elastica.

Salicinées, *genre* Salix (babylonica, aurita, capræa, alba).

Juglandées, *genre* Pterocarya (fraxinifolia).

Bétulinées, *espèce* : Alnus cordifolia.

Préfoliation involutée.

Alismacées, *genre* Damasonium (stellatum); *espèces* : Alisma Plantago, Sagittaria sagittifolia.

Commélinées, *genres* : Commelina (tuberosa, communis), Campelia (Zanonia); dans ces deux genres, la vernation n'est manifeste qu'au bas de la feuille.

Plantaginées, *espèces* : Plantago lanceolata, cucullata, Hookeriana.

Plumbaginées, *genre* Plumbago (rhombifolia, capensis, Larpentæ, europæa).

Primulacées, *espèces* : Primula viscosa, integrifolia.

Ebénacées : Royena lucida.

Styracinées : Styrax officinalis.

Labiées, *espèces* : Marrubium vulgare; Ballota lanata et Sideritis montana déjà cités à la préfol. condupliquée.

Acanthacées, *genres* : Goldfussia (anisophylla), Strobilanthes (Sabiniana), Eranthemum (nervosum, au bas de la feuille).

Scrophularinées : Salpiglossis sinuata (au bas de la feuille).

Solanées, *espèces* : Solanum verbascifolium, Hyoscyamus major.

Borraginées, *genres* : Cynoglossum (officinale, pictum, montanum), Cerinthe (minor), *espèces* : Symphytum echinatum, caucasicum.

Gentianées, *genre* Limnanthemum (nymphoides).

Campanulacées, *espèces* : Campanula muralis, pyramidalis, persicifolia.

Composées, *genres* : Chondrilla (juncea), Pallenis (spinosa), Inula (ensifolia, Helenium, Conyza, thapsoides), Galatella (acris), Bidens (tripartita), Dahlia (variabilis, v. subcondupliquée), Silphium (integrifolium v. subcondupliquée, ternatum, trifoliatum, perfoliatum, connatum); *espèces* : Cirsium canum, monspessulanum, rivulare, bulbosum, acaule, Erisithales, polyanthemum; Solidago flexicaulis; Erigeron acre, glabellum, grandiflorum; Doronicum Pardalianches; Centaurea amara, phrygia, dealbata, rigidifolia, banatica.

DIPSACÉES, Famille monotypique, *genres* : Dipsacus (Fullonum v. semi-équit.), Knautia (arvensis, orientalis, longifolia), Cephalaria (alpina, leucantha, transylvanica), Scabiosa stellata.

VALÉRIANÉES, *espèce* : Valeriana montana.

CAPRIFOLIACÉES, Famille uniforme, *genres* : Weigelia (amabilis), Diervilla (lutea), Symphoricarpos (vulgaris, mexicana, v. subcondupliq.), Leycesteria (formosa), Lonicera (canescens, etrusca, nigra, tatarica, Periclymenum, Caprifolium, sempervirens), Viburnum (Tinus, Opulus, macrocephalum, prunifolium, Lantana, suspensum), Sambucus (nigra, Ebulus, racemosa, canadensis).

CORNACÉES, *genres* : Benthamia (fragifera); *espèces* : Cornus (mas, sanguinea à feuilles peu involutées).

GARRYACÉES, feuilles incurvées et légèrement involutées; *genres* : Garrya (elliptica), Fadyenia (laurifolia, macrophylla v. subcondupl. semi-équit.).

ARALIACÉES : Dimorphanthus edulis.

RHAMNÉES ; l'involution est le caractère général ; mais, dans certaines espèces, elle se combine avec la conduplication et est peu prononcée. *Genres* : Zizyphus (sativa) ; Ceanothus (americanus), Paliurus (aculeatus v. condupl.), Colletia (spinosa, cruciata v. condupl.), Rhamnus (Alaternus, alpinus, Frangula, catharticus, hybridus, pumilus, *except.* R. oleifolius), Berchemia (volubilis).

CÉLASTRINÉES, *genres* : Celastrus (scandens, punctatus), Elæodendron (australe) ; *espèces* : Evonymus atropurpureus, verrucosus, Hamiltonianus.

LÉGUMINEUSES, *espèces* comme exceptionnelles dans la famille : Lathyrus latifolius, sylvestris, pratensis ; Orobus pyrenæus.

ROSACÉES, *espèces* : Spiræa prunifolia, Reevesiana, bella, alpina, flexuosa, Fortunei, feuilles équitantes et à involution peu prononcée.

POMACÉES, *genres* : Pyrus (communis, nepalensis, salicifolia), Malus (coronaria, spectabilis, paradisiaca); *espèces* : Cratægus Oxyacantha, coccinea, nigra, Azarolus, quant aux lobes des feuilles.

BÉGONIACÉES, *genre* Begonia (semperflorens, manicata).

GROSSULARIÉES, *genre* Ribes (aureum, diacantha, quant aux lobes des feuilles).

STAPHYLÉACÉES, *genre* Staphylea (pinnata, trifoliata, colchica).

Balsaminées : Impatiens parviflora, Balsamina hortensis (au bas de la feuille seulement).

Renonculacées, *espèces* : Ranunculus muricatus, acris, repens, lanuginosus, bulbosus, Thora.

Nymphéacées, Famille uniforme, *genres* : Nymphæa (alba), Nuphar (luteum).

Nélumbonées, Nelumbium speciosum.

Papavéracées, *genres* : Glaucium (fulvum, flavum), Macleaya (cordata), Chelidonium (majus).

Crucifères, *genres* : Cheiranthus (Cheiri, subplane), Barbarea (vulgaris, præcox v. semi-équit.), Hesperis (matronalis), Lunaria (biennis) ; *espèces* · Arabis alpina, Alyssum saxatile.

Violariées, *genre* Viola (tricolor, hirta, striata, cucullata, sylvatica).

Saururées, *genres* : Anemiopsis (californica), Saururus (cernuus).

Euphorbiacées, *genres* : Phyllanthus (Niruri), Colmeiroa (buxifolia), Mercurialis (perennis, tomentosa, annua ; dans cette dernière espèce le bas seul de la feuille est involuté).

Urticées, *genres* : Bœhmeria (spicata, nivea, biloba), Humulus (Lupulus v. subcondupliquée) ; *espèce* : Ficus Carica.

Salicinées, *genre* Populus (ontariensis, laurifolia, heterophylla, hudsoniana, angulata, fastigiata, canescens).

Juglandées, *espèces* : Carya alba, japonica.

Conifères, *genre* Salisburya (adiantifolia).

Préfoliation révolutée.

Liliacées, *espèce* : Allium ursinum.

Primulacées, *espèces* : Primula suaveolens, intricata, elatior, officinalis, grandiflora.

Ericinées, *genres* : Kalmia (glauca, latifolia), Azalea (nudiflora, chinensis); *espèces* : Andromeda polifolia et rosmarinifolia.

Labiées, *genres* : Teucrium (fruticans, lucidum, Marum, Chamædrys, Scorodonia, Arduini, hyrcanicum, Polium, capitatum, montanum, Botrys, *except.* T. pyrenaicum), Betonica (hirsuta, orientalis, officinalis, Alopecuros), Rosmarinus (officinalis), Lavandula (vera); *espèce* : Dracocephalum Ruyschiana. — Dans toutes les Labiées à vernation révolutée, les feuilles sont applicatiles.

Scrophularinées, *espèces* : Veronica Teucrium, virginiana, sibirica; *genre* Lophospermum (scandens).

Borraginées, *espèce* : Anchusa italica.

Hydrophyllées, *genres* : Phacelia (congesta, segments des feuilles), Nemophila (maculata, *Id.*).

Apocynées, *genre* Nerium (Oleander).

Composées : Uniformité de vernation dans les sections 1° des *Tussilaginées*, *genres* : Tussilago (Farfara), Petasites (spurius, officinalis), Nardosmia (fragrans), Homogyne (alpina); 2° des *Xéranthémées*, *genres* : Chardinia (xeranthemoides), Xeranthemum (cylindraceum); dans les *genres* suivants d'autres sections : Antennaria (margaritacea), Helichrysum (bracteatum), Saussurea (macrophylla), Leuzea (conifera), Jurinea (spectabilis), Chamæpeuce (stellata, diacantha), Emilia (sagittata), Ligularia (macrophylla, sibirica), Cacalia (suaveolens), Senecio (umbrosus, spathulæfolius, viscosus, elegans, Doronicum, Jacobæa, erraticus, Cineraria), Gazania (speciosa, rigens), Actinomeris (alternifolia), Cineraria (platanifolia), Vernonia (præalta); *espèces* : Sonchus tataricus, Cirsium arvense, flavispina, lanceolatum, eriophorum; Gnaphalium undulatum, Eupatorium purpureum, Verbesina virgata, virginica.

RUBIACÉES : Gardenia florida.

ILICINÉES, *genre* Prinos (verticillatus, glaber).

ROSACÉES, *genre* Dryas (octopetala); *espèce* : Potentilla fruticosa.

HYPÉRICINÉES, *espèce* : Hypericum Kalmianum, vernation en outre applicatile.

BYTTNÉRIACÉES : Rulingia (parviflora).

ZANTHOXYLÉES : Zanthoxylum fraxineum dont les folioles s'appliquent les unes sur les autres.

BERBÉRIDÉES, *espèce* : Berberis empetrifolia où la vernation se rapproche de l'état rédupliqué.

PAPAVÉRACÉES, *genre* : Papaver (bracteatum, Rhœas, hybridum, somniferum, orientale, les lobes).

CISTINÉES, *espèce* : Helianthemum pulverulentum, vernation en outre applicatile.

CHÉNOPODÉES, *genres* : Beta (vulgaris, patellaris), Roubieva (multifida); *espèce* : Chenopodium chilense.

POLYGONÉES, famille monotypique, *genres* : Polygonum (Fagopyrum, tataricum, Bistorta, Convolvulus, cymosum, Sieboldi, Persicaria, aviculare), Emex (spinosus), Rumex (Patientia, Acetosa, Acetosella, obtusifolius, crispus, Hydrolapathum, scutatus), Atraphaxis (spinosa), Muehlenbeckia (complexa, sagittifolia), Rheum (Ribes, undulatum, Emodi, la vernation de ce genre est de plus rugueuse).

URTICÉES : Cannabis sativa.

PLATANÉES, *genre* Platanus (orientalis, occidentalis).

Préfoliation plane ou subplane,

souvent en même temps applicatile.

Alismacées, *genres* : Sagittaria (sinensis), Triglochin (maritimum) ; *espèce* : Alisma ranunculoides.

Potamées : Potamogeton crispus.

Typhacées, Famille monotypique ; *genres* : Typha (latifolia, angustifolia), Sparganium (ramosum); la vernation y est applicatile.

Cypéracées, vernation subapplicatile, *genre* Carex (riparia, paludosa, glauca); Scirpus maritimus.

Graminées : Mibora minima.

Joncées, *espèces* : Luzula pediformis, spicata, maxima.

Liliacées, *genres* : Aloe (disticha, plicatilis, lingua, variegata, margaritifera, retusa, nigricans), Asphodelus (cerasiformis, albus, luteus, ramosus, fistulosus), Xerotes (longifolia) ; *Espèces* : Allium acutangulum, angulosum, fragrans.

Aspidistrées, *genre* Ophiopogon (spicatus, japonicus).

Amaryllidées : Prédominance de la Préfol. plane-applicatile, *genres* : Amaryllis (vittata, formosissima), Zephyranthes (candida), Clivia (nobilis), Pancratium (maritimum), Narcissus (biflorus, incomparabilis, odorus, juncifolius, Tazetta), Galanthus (nivalis), Leucojum (æstivum), Hæmanthus (coccineus); *espèce* : Agave geminiflora.

Plantaginées, *espèces* : Plantago stricta, Coronopus, Psillium, maritima, serpentina.

Plumbaginées, *espèces* : Armeria alpina, vulgaris.

Primulacées, *genres* : Anagallis (arvensis), Littorella (lacustris), v. applicatile dans les deux ; Glaux (maritima), Samolus (Valerandi, littoralis), Androsace (villosa, ciliata).

Oléinées, *genres* : Forsythia (viridissima), Fontanesia (phillyreoides), Syringa (vulgaris), Phillyrea (media, latifolia).

SAPOTÉES, *genre* Argania (sideroxylon).

JASMINÉES, *genre* Jasminum (fruticans, humile, nudiflorum).

ERICINÉES, *genre* Erica.

LABIÉES : *Tribu* des *Mélissées* : Melissa officinalis, Calamintha Nepeta, Clinopodium vulgare; *genres* d'autres *tribus* : Sphacele (subhastata), Nepeta (Cataria, grandiflora), Lophanthus (anisatus), Glechoma (hederacea), Scutellaria (galericulata), Prunella (grandiflora, vulgaris), Hyssopus (officinalis), Majorana (hortensis), Origanum (vulgare, humile, Onites), Horminum (pyrenaicum), Lycopus (europæus), Mentha (rotundifolia, sativa, arvensis), Monarda (fistulosa), Blephilia (hirsuta), Ziziphora (clinopodioides); *espèces* : Salvia disermas, Grahami, Æthiopis; Dracocephalum peregrinum, Teucrium pyrenaicum. Dans presque toutes ces Labiées la vernation est applicatile.

ACANTHACÉES : Dipteracanthus strepens, vernation applicatile.

SCROPHULARINÉES, *genres* : Scrophularia (peregrina), Linaria (cymbalaria, simplex, striata), Nemesia (floribunda), Buddleia (globosa, Lindleyana), Leucocarpus (alatus), Phygelius (capensis), Capraria (salicifolia); *espèces* : Veronica gentianoides, Lindleyana, linifolia, incana, maritima, incisa, scutellata, officinalis, Beccabunga, Anagallis; Pentstemon campanulatus; Verbascum gnaphalodes, pulverulentum, Blattaria.

SOLANÉES, *genres* : Lycium (afrum, barbarum, chinense), Atropa (frutescens, Belladona), Salpichroma (rhomboideum), Nicotiana (glauca, paniculata, Tabacum), Petunia (nyctaginiflora); *espèce* : Solanum betaceum.

NOLANÉES : Nolana (prostrata, atriplicifolia).

BORRAGINÉES, *genres* : Amsinckia (intermedia), Lycopsis (arvensis), Heliotropium (europæum), Tournefortia (heliotropioides), Lithospermum (purpuro-cœruleum); *espèces* : Myosotis intermedia, Omphalodes linifolia.

POLÉMONIACÉES, *genres* : Collomia (grandiflora, linearis), Cantua (coronopifolia, pyrifolia), Phlox (procumbens, setacea suaveolens, acuminata, maculata, paniculata, vern. applicatile).

GENTIANÉES, *genres* : Chlora (perfoliata), Gentiana (Burseri, verna, acaulis, v. applicat.).

APOCYNÉES, Famille subuniforme, *genres* : Apocynum (hypericifolium), Amsonia (latifolia), Vinca (major, minor, herbacea), Cerbera (Thevetia), Mandevillea (suaveolens).

ASCLÉPIADÉES, Famille monotypique, *genres* : Asclepias (Cornuti, nigra), Cynanchum (fuscatum), Periploca (græca), Arauja (albens); — *except.* Stapelia.

CAMPANULACÉES, *genres* : Canarina (campanulata), Phyteuma (canescens).

STYLIDIÉES : Stylidium graminifolium.

COMPOSÉES, *genres* : Picris (hieracioides), Seriola (ætnensis), Tarchonanthus (camphoratus, où la feuille est dressée-contournée), Ageratum (cœruleum, mexicanum), Stevia (ivæfolia, serrata, mollis), Cœlestina (azurea), Cotula (coronopifolia), Madia (sativa), Onopordon (illyricum), Borrichia (frutescens), Eurybia (argophylla, lirata, Gunnii), Kleinia (neriifolia, ficoides, repens), Dimorphotheca (pluvialis), Calendula (arvensis, officinalis), Helenium (autumnale, quadridentatum), et presque tous les genres de la section des *Hélianthées*, savoir : Helianthus (Maximiliani, decapetalus, trachelifolius), Ximenesia (encelioides), Heliopsis (lævis, scabra), Pascalia (glauca), Perymenium (discolor), Guizotia (oleifera), Ferdinanda (augusta), Cosmophyllum (cacaliæfolium), Zinnia (revoluta, verticillata, elegans, parviflora); *espèces :* Verbesina alata, Artemisia maritima et Dracunculus, Eupatorium micranthum, Sonchus fruticosus. — Dans la plupart des espèces citées, la vernation est applicatile.

RUBIACÉES, Famille subuniforme, *genres :* Sherardia (arvensis), Galium (Mollugo, Aparine, Cruciata), Rubia (tinctorum), Crucianella (stylosa), Asperula (odorata, tinctoria, cynanchica), Valantia (hispida), Burchellia (capensis), Richardsonia (scabra), Houstonia (coccinea), Cephalanthus (occidentalis); vernation applicatile dans les espèces frutescentes.

CORNACÉES : Aucuba japonica, vernation subcondupliquée.

OMBELLIFÈRES : Hydrocotyle vulgaris, Bowlesia tenera. Lobes des feuilles des *genres* Astrantia (carniolica), Carum (Carvi, verticillatum), Fœniculum (vulgare), Ligusticum (pyræneum), Meum (athamanticum), Crithmum (maritimum), Anethum (graveolens), Lagoecia (cuminoides), Echinophora (spinosa), Coriandrum (sativum); les lobes latéraux seuls des *genres* Pimpinella (gracilis, saxifraga), Sium (Sisarum); *espèces* : Seseli montanum, elatum ; Ferula nodiflora, glauca; Scandix Pecten.

ARALIACÉES, *genres* : Cussonia (thyrsiflora), Paratropia (terebinthacea), Aralia (spinosa).

CÉLASTRINÉES, *espèces:* Evonymus europæus, angustifolius, americanus, vernation subcondupliquée dans la dernière.

PITTOSPORÉES, *genre* Pittosporum (Tobira).

ILICINÉES, *genre* Skimmia (japonica); *espèces* : Ilex latifolia, vomitoria.

CORIARIÉES : Coriaria myrtifolia, v. plane-applicatile.

LÉGUMINEUSES-PAPILIONACÉES, *genres* : Ornithopus (compressus, sativus, perpusillus ; v. applic.), Hippocrepis (multisiliquosa *id.*); *espèce :* Lotus corniculatus.

LÉGUMINEUSES-MIMOSÉES, *genres* : Mimosa (uruguayensis, prostrata), Acacia (dealbata, lophantha, Julibrizzin, eburnea), Leucœna (glauca).

ROSACÉES, Kerria japonica, v. plissée.

CALYCANTHÉES : Famille monotypique, *genres* : Calycanthus (floridus), Chimonanthus (fragrans).

MYRTACÉES : vernation plane subgénérale ; *genres* : Calothamnus (clavatus), Callistemon (speciosum, lanceolatum), Beckea (virgata), Psidium (Cattleyanum), Myrtus (mucronata), Melaleuca (hypericifolia, decussata, ericifolia v. applic.), Eucalyptus (gigantea, amygdalina v. applic.) — *except.* : Leptospermum.

GRANATÉES : Punica Granatum, vernation applicatile.

LYTHRARIÉES, Famille monotypique à vernation applicatile, *genres* : Lythrum (Salicaria, Græfferi), Heimia (salicifolia), Cuphea (jorullensis).

ŒNOTHÉRÉES, *genres* : Sphærostigma (cheiranthifolium, hirtum), Œnothera (longiflora, densiflora, odorata, stricta, suaveolens, taraxacifolia) ; *espèces* : Epilobium montanum v. applicat., molle, Lamyi, alpinum, tetragonum v. réclinée.

CUCURBITACÉES, *genres* : Bryonia (dioica, alba), Ecbalium (Elaterium), Momordica (Balsamina), Luffa (acutangula), Lagenaria (vulgaris).

CACTÉES, *genre* Opuntia (vulgaris).

FICOÏDES, *genres* : Tetragonia (echinata, expansa, crystallina), Mesembrianthemum (incurvum, spectabile, acinaciforme et autres).

CRASSULACÉES : Prédominance de la vernation plane; *genres* : Umbilicus (pendulinus), Cotyledon (orbiculata v. applic., ungulata), Kalanchoe (laciniata, ægyptiaca), Rochea (falcata, perfoliata), Crassula (cultrata, perfossa, arborescens, lactea), Septas (capensis); *espèces* : Sedum Cepæa, album, pulchellum, hispanicum, acre, altissimum, reflexum,

SAXIFRAGÉES, *espèces* : Saxifraga sarmentosa, cuneifolia, Geum, longifolia ; Hydrangea involucrata où la vernation est applicatile.

PHILADELPHÉES : Vernation plane et applicatile générale ; *genres*: Philadelphus (coronarius, Zeyheri, verrucosus), Decumaria (barbara), Deutzia (scabra, canescens, crenata, gracilis).

POLYGALÉES, *genre* Polygala (myrtifolia, grandiflora, cordifolia, virgata).

HYPÉRICINÉES, *genres* : Hypericum (quadrangulum, elatum, hircinum, Androsæmum, perforatum, *except*. H. Kalmianum où vern. révolutée), Webbia (platysepala). — Dans les deux genres, la Préfoliation est plane-applicatile.

TROPÆOLÉES, *genre* Tropæolum, vernation plane-étalée (majus, minus, Lobbianum).

LINÉES : Linum austriacum, gallicum, perenne, usitatissimum.

ZANTHOXYLÉES, *genre* Ptelea (trifoliata).

ZYGOPHYLLÉES, *genres* : Zygophyllum (Fabago v. applic.)

RUTACÉES, *genres* : Peganum (Harmala); Dictamnus (albus).

CRUCIFÈRES, *genres* : Aubrietia (deltoides, Columnæ, v. applic.), Kernera (saxatilis), Draba (borealis, contorta), Hutchinsia (alpina), Æthionema (saxatile), Neslia (paniculata), Isatis (tinctoria vern. réclinée), Matthiola (annua, incana, arborescens, fenestralis); *espèces* : Iberis semperflorens, Tenoreana ; Erysimum repandum, ochroleucum ; Alyssum alpestre, edentulum ; Cardamine pratensis (lobes latéraux).

RÉSÉDACÉES, *genre* Reseda (odorata, myriantha).

CISTINÉES, *espèces* : Cistus monspeliensis, hirsutus ; Helianthemum vulgare; dans les trois vernation applicatile, et de plus dans la troisième réclinée.

CARYOPHYLLÉES-SILÉNÉES : *genre* Gypsophila à v. subplane (paniculata, Steveni, perfoliata, repens, scorzoneræfolia, acutifolia); *espèces* : Silene Armeria, rupestris, alpestris ; Saponaria elegans, vaccaria ; Dianthus deltoides. — Dans toutes, vernation applicatile.

CARYOPHYLLÉES-ALSINÉES : La Préfoliation plane y est générale et souvent applicatile ; *genres* : Cerastium (viscosum, tomentosum, arvense, vulgatum), Stellaria (graminea, holostea, media), Arenaria (grandiflora, serpyllifolia), Alsine (fasciculata, tenuifolia), Sagina (procumbens, apetala), Spergula (pilifera) ; *espèces* : Silene rupestris, alpestris, acaulis.

Paronychiées : Préfoliation plane uniforme : Anychia dichotoma, Herniaria hirsuta, Polycarpon tetraphyllum, Paronychia argentea, polygonifolia.

Portulacées, *Id.* Portulaca sativa, mucronata; Portulacaria afra; Montia rivularis.

Tamariscinées, un seul type également : Tamarix gallica, africana.

Amarantacées : Lecanocarpus nepalensis.

Chénopodées, *genres* : Salsola (Tragus); Suæda (fruticosa), Camphorosma (monspeliaca), Spinacia (vulgaris), Atriplex (portulacoides, hortensis, patula, vern. applic.; dans l'A. Halimus subcondupliquée); *espèces* : Chenopodium Vulvaria, ficifolium v. applicatile.

Nyctaginées : Mirabilis longiflora, Jalapa.

Laurinées : Camphora officinarum vernation applicatile.

Thymélées, *genre* Pimelea (ligustrina).

Elæagnées : *genre* Elæagnus (angustifolia, reflexa), vern. applicatile.

Protéacées, *genre* Leucadendron (tortum).

Santalacées, Famille monotypique, *genres* : Thesium (humifusum), Osyris (alba).

Euphorbiacées : Euphorbia Cyparissias.

Cupulifères, *espèce* : Quercus virens.

Bétulinées, *genre* Betula vern. plissée, (alba, nigra, lenta); *espèces* : Alnus viridis et glutinosa v. plissée, Carpinus virginiana et americana v. plissée.

Myricées, *genre* Myrica (californica, quercifolia, cordifolia, cerifera).

Gnétacées, *genre* Ephedra (altissima, distachya).

Conifères, Préfoliation plane subgénérale : *genres* : Podocarpus, Pinus, Abies, Taxus, Cephalotaxus, Torreya, Cupressus, Chamæcyparis, Juniperus.

TABLE DES MATIÈRES.

PREMIÈRE PARTIE.

DEUXIÈME PARTIE.

Toulouse, impr. Ch. Douladoure; Rouget frères et Delahaut, succrs, rue St-Rome, 39.

www.ingramcontent.com/pod-product-compliance
Lightning Source LLC
LaVergne TN
LVHW050455160826
845677LV00003B/799
* 9 7 8 2 3 2 9 6 6 4 1 8 7 *